2013
PUBLIC SPACE
MODELS
INTEGRATION

公共空间模型集成　叶斌　叶猛 著

 OFFICE SPACE
办公空间

U0309038

海峡出版发行集团 | 福建科学技术出版社
THE STRAITS PUBLISHING & DISTRIBUTING GROUP | FUJIAN SCIENCE & TECHNOLOGY PUBLISHING HOUSE

叶 斌 / Ye Bin

高级建筑师
国广一叶装饰机构首席设计师
福建农林大学兼职教授
南京工业大学建筑系建筑学学士
北京大学 EMBA
中国建筑学会室内设计分会理事
中国建筑装饰协会理事

Senior Architect
Chief Architect of Guoguangyiye Decoration Group
Adjunct Professor of Fujian Agriculture and Forestry University
B. Arch from Nanjing Industry University
EMBA from Beijing University
Councilor Member of China Institute of Interior Design
Councilor Member of China Building Decoration Association

著作

1. 《室内设计图典》（1、2、3）
2. 《装饰设计空间艺术·家居装饰》（1、2、3）
3. 《装饰设计空间艺术·公共建筑装饰》
4. 《建筑外观细部图典》
5. 《国广一叶室内设计模型库·家居装饰》（1、2、3）
6. 《国广一叶室内设计模型库·公建装饰》
7. 《国广一叶室内设计》
8. 《国广一叶室内设计模型库构成元素》（1、2）
9. 《室内设计立面布图艺术》系列
10. 《国广一叶室内设计·家居装饰（一）》
11. 《国广一叶室内设计模型库》系列
12. 《打造新家居》系列
13. 《家居装饰·平面设计概念集成》
14. 《原创家居》系列
15. 《空间模型》系列
16. 《概念家居》
17. 《概念空间》
18. 《国广一叶家居装饰》系列
19. 《室内设计图像模型》系列
20. 《细解家居》系列
21. 《2009 室内设计模型》系列（5 册）
22. 《1000 例背景墙设计》
23. 《2010 家居空间模型》系列（3 册）
24. 《2010 公共空间模型》系列（2 册）
25. 《2011 家居空间模型》系列（3 册）
26. 《2011 公共空间模型》
27. 《最给力家装》系列（6 册）
28. 《2012 室内设计模型集成》系列（5 册）

荣誉

当选 2009 年"金羊奖"中国十大室内设计师
当选中国建筑装饰行业建国 60 年百名功勋人物
当选 1989~2009 年中国杰出室内设计师
当选 1997~2007 年中国家装十年最具影响力精英领袖
当选 1989~2004 年全国百位优秀室内建筑师
当选 2004 年度中国杰出中青年设计师
当选 2004 年度中国室内设计师十大封面人物
当选 2002 年福建省室内设计十大影响人物（第一席位）

获奖设计作品

作品	奖项
福建洲际国际酒店	2012 年第二届亚太酒店设计大赛金奖
前线共和广告	2012 年第十五届中国室内设计大奖赛金奖
瑞莱春堂福州三坊七巷店	2012 年"照明周刊杯"中国照明应用设计大赛一等奖
前线共和广告	2011 年第九届中国国际室内设计双年展金奖
福州情·聚春园	2011 年第九届中国国际室内设计双年展银奖
宁化世界客家文化交流中心	2011 年第九届中国国际室内设计双年展铜奖
一信（福建）投资	2011 年第十四届中国室内设计大奖赛金奖
福建科大永合医疗机构	2011 年中国最成功设计大赛最成功奖
连江贵安海峡文化村酒店	2011 年中国（上海）设计节"金外滩"最佳概念设计奖
素丽娅泰水疗会所	2010 年第八届中国室内设计双年展金奖
摩卡小镇售楼中心	2010 年第八届中国室内设计双年展银奖
大洋鹭洲	2010 年第八届中国室内设计双年展铜奖
素丽娅泰水疗会所	2010 年亚太室内设计双年大奖赛商业空间设计银奖
中联江滨御景会所	2010 年亚太室内设计双年大奖赛商业空间设计优秀奖
繁都魅影	2010 年亚太室内设计双年大奖赛住宅空间设计银奖
繁都魅影	2010 年亚洲室内设计大奖铜奖
中央美苑	2010 年海峡两岸室内设计大赛金奖
繁都魅影	2010 年海峡两岸室内设计大赛金奖
光·盒中盒	2010 年海峡两岸室内设计大赛金奖
中联江滨御景会所	2010 年海峡两岸室内设计大赛银奖
皇帝洞社院	2009 年"尚高杯"中国室内设计大奖赛二等奖（全国商业类第三名）
北湖皇帝洞景区会所	2008 年第七届中国室内设计双年展金奖
国广一叶点房财富中心	2007 年福建省室内设计大奖赛一等奖（公建工程类第一名）
国广一叶大家会馆	2006 年福建省室内设计大奖赛一等奖（公建工程类第一名）
点房财富中心	2007 年"华耐杯"中国室内设计大奖赛二等奖（全国商业类第二名）
大家会馆	2006 年第六届中国室内设计双年展金奖
书香大第销售中心	2006 年第六届中国室内设计双年展金奖
金钻世家某单元房	2006 年第六届中国室内设计双年展银奖
福州金龙门餐厅	2006 年第六届中国室内设计双年展银奖
滨江丽景·美丽园	2006 年第六届中国室内设计双年展银奖
福建电力调度通信中心大楼	2006 年第六届中国室内设计双年展铜奖
金源国际酒店桑拿中心	2006 年第六届中国室内设计双年展优秀奖
大家会馆	2006 年"华耐杯"中国室内设计大奖赛优秀奖
内蒙古呼和浩特市中级人民法院	2004 年第五届中国室内设计双年展铜奖
厦门奥林匹亚中心	2004 年第五届中国室内设计双年展铜奖
福州玖玖丰田汽车 4S 店	2004 年第五届中国室内设计双年展优秀奖
工行河南分行营业科技大楼	2004 年第五届中国室内设计双年展优秀奖
泉州市博物馆	2003 年"华耐杯"中国室内设计大奖赛优秀奖
南平市国税办公大楼	2002 年中国建筑工程装饰奖设计单项奖
沈阳工业学院图书馆	2002 年第一届中国青岛设计界室内设计优秀作品奖
福建奥林匹亚中心	2002 年"史丹利杯"中国室内设计大奖赛佳作奖
厦门日报新闻大厦	2002 年全国第四届室内设计大展优秀奖
福建省迎宾馆 3 号楼	2001 年全国第三届室内设计大展优秀奖
漳州电信枢纽大楼	2001 年"巴斯夫杯"中国室内设计大奖赛佳作奖
福建省迎宾馆 2 号楼	2000 年"巴斯夫杯"中国室内设计大奖赛佳作奖

另 59 项设计作品荣获福建省室内设计大奖赛一等奖

叶 猛 / Ye Meng

国广一叶装饰机构副总设计师
国家一级注册建筑师
国家一级注册建造师
中国建筑学会室内设计分会会员
福建工程学院建筑与规划系讲师
福州大学建筑系学士
中南大学土建学院建筑学硕士

Deputy Chief Architect of Guoguangyiye Decoration Group
First-Class Registered Architect (PRC)
Registered Constructor (PRC)
Member of Institute of Interior Design of Architectural Society of China
Lecturer of Architecture and Planning Dept., Fujian University of Technology
B. Arch from Fuzhou University
M. Arch from Central South University

获奖设计作品

作品	奖项
阳光理想城	2011 年第九届中国国际室内设计双年展金奖
大洋鹭洲	2010 年第八届中国室内设计双年展铜奖
繁都魅影	2010 年亚洲室内设计大奖赛铜奖
福建工程学院建筑系新馆	2009 年中国室内空间环境艺术设计大赛一等奖
福建工程学院建筑系新馆	2009 年福建室内与环境设计大奖赛公建工程类最高奖
文化主题酒店	2008 年福建省第六届室内设计大赛一等奖
旗山文城	2008 年福建省第六届室内与环境设计大赛一等奖
另类博弈	2008 年第六届现代装饰年度办公空间大奖入围奖
点房财富中心	2007 年"华耐杯"中国室内设计大奖二等奖
翻阅古朴	2007 年福建省第五届室内设计与环境大赛一等奖
大家会馆	2006 年第六届中国室内设计双年展金奖
福建电力调度通信中心大楼	2006 年第六届中国室内设计双年展铜奖
金钻世家某单元房	2006 年第六届中国室内设计双年展银奖
漳州电信枢纽大楼	2001 年"巴斯夫杯"中国室内设计大奖赛佳作奖
……	

另出版《建筑外观细部图典》、《室内设计图像模型》等著作数十种

国广一叶装饰机构，作为"1989～2009 年全国十大室内设计企业"（中国建筑学会室内设计分会颁发）、"1988～2008 年中国室内设计十佳设计机构"（中国室内装饰协会颁发）、"2012 年中国十大品牌酒店设计机构"（中外酒店论证颁发），"1997～2007 年中国十大家装企业"（中国建筑装饰协会颁发）及"福建省著名商标"，荣获国际、国家及省市级设计大奖上千项，十余位设计师被评为国家级优秀设计师、福州市优秀设计师，45 名在职设计师荣获历届福建省、福州市室内设计一等奖（最高奖），首席设计师叶斌两次荣获"中国十大室内设计师"称号，副总设计师叶猛被评为"1989～2009 年中国优秀设计师"等。这些荣誉的获得和国广一叶装饰机构自身的水准有关。国广一叶装饰机构拥有大批量高水准的室内设计专业效果图，这些效果图将设计师的设计意图淋漓尽致地表现出来，是设计师与绘图师共同努力的结晶，其制作水平与项目设计的成败有密切的关系。

自 2004 年至今，国广一叶装饰机构在福建科学技术出版社已陆续出版了 9 套模型系列图书，一直受到广大读者的支持与厚爱。为了不辜负广大读者的期望，我们继续推出了《2013 家居空间模型集成》和《2013 公共空间模型集成》系列图书。这些系列图书汇集了国广一叶 2012～2013 年制作的 1500 多个风格各异、手法时尚的室内设计作品及其对应的 3ds Max 场景模型文件，可作为读者做室内设计时的有益参考。

本书配套光盘的内容包含效果图、原始 3ds Max 模型和使用到的所有贴图文件。由于 3ds Max 软件不断升级，此次的模型我们采用 3ds Max 2009 版本制作。模型按图片顺序编排，易于查阅调用。只有能对模型进一步调整才能体现其价值和生命力，因此提供的 3ds Max 模型是真正有价值、可随时提取调整用的部分。必须说明的是，书中收录的效果图均为原始模型经过 lightscape 渲染和 photoshop 后处理过的成图，是为读者了解后处理效果提供直观准确的参考，与 3ds Max 直接渲染的效果有一定区别。

著 者

2013 年 2 月

Having acquired thousands of international, national and provincial design awards including "Top 10 Interior Design Companies in China (1989~2009)", "Top 10 China Interior Design Institutions (1988~2008)", "2012 China Top 10 Hotel Design Institutions", "China Top 10 Home Decoration Enterprises (1997~2007)" and "Well-Known Brand of Fujian", Guoguangyiye Decoration Group has a dozen of outstanding architects with honor of "National Excellent architect of China/ Fuzhou" and 45 architects have won top prize of provincial and municipal interior design award. The chief architect Mr. Ye Bin has been awarded twice "China Top 10 Interior Design Architect" and Mr. Ye Meng was awarded "Outstanding Architect of China (1989~2009)". Naturally these achievements have been accomplished because of the high level interior designs of Guoguangyiye, but obviously cannot be attained without high level professional effect drawing that presents the design intent of architects incisively and vividly. Therefore as a product of the collective efforts of architect and graphic designer, it is closely related to the success of project design.

Since 2004, Guoguangyiye has published nine series of books on design model database with Fujian Science and Technology Press and all of them have gained wide popularity by their richness and practicality. Therefore, this year we will Gontinue to publish *2013 Home Space Models Integration* and *2013 Public Space Models Integration*. This new series consists of over 1500 chic 3ds Max scenario models of various style interior designs created by Guoguangyiye during 2012~2013. Being a model database, they could also be used as beneficial references for interior design.

The enclosed CD contains original 3ds Max models of decoration effect drawings and all the map files used in order to create them. Due to the continuous upgrading of 3ds Max software, version 2009 was adopted in the drawing of these models which are arranged in the order of the pictures to make them easily accessible. Since as only models that can be further adjusted are valuable, the 3ds Max moulds provided are all of true value and readily available. It should be noted that, all the effect drawings in the books are pictures rendered by lightscape and dealt with by Photoshop, to give an intuitive and precise reference for readers on the after effects which are different from those rendered directly by 3ds Max.

February 2013

门厅／005

图书室／006

办公室 / 009

董事长办公室 / 010

办公室 / 011

门厅 / 012

公共洽谈区／013

副总经理办公室 / 021

会议室 / 022

大会议室 / 025

主机房 / 026

空调电源间 / 027

等候区／028

企业展示厅／029

036 \ 门厅

037 \ 大会议室

预防为主　防治结合
严格管理　安全第一

接待室 / 040

电梯间 / 041

过道 / 042

大堂 / 043

接待室 / 044

卫生间 / 045

接待室 / 050

外观 / 051

大厅／057

领导休息区／058

办公室／059

董事长办公室／060

门厅／061

大厅/064

小会议室/065

董事长办公室/066

董事长办公室／070

董事长办公室／071

图书室／078

门厅／079

门厅/085

门厅/086

十年树木
百年树人

会议室／088

图书室／089

门厅／092

门厅／093

森发集团
SHE FA GROUP

展厅／096

董事长办公室／097

总裁办公室 / 103

会议室 / 105

会议室 / 104

电梯厅 / 106

门厅 / 107

小会议室 / 108

福融辉实业（福建）有限公司

接待室 / 116

贵宾厅 / 117

接待包厢／120

员工餐厅／121

福建省地税展示馆

贵宾接待室 / 124

副总经理办公室 / 125

贵宾接待室 / 126

门厅／127

休息前厅／128

展厅／132

展厅／133

会议室／136

会议室／137

热烈庆祝 2013 年 工作 会议 胜利 召开

总经理办公室／140

会议厅／141

总经理办公室 / 144

展厅 / 145

展厅 / 146

办公室 / 147

护士站 / 152

过道 / 153

办公室 / 156

会议室 / 157

员工包厢 / 158

办公室 / 164

MI SHU CHU

办公室 / 165

董事长办公室／167

大堂／168

展厅
入口

病房 / 175

办公室 / 174

电梯厅 / 176

大堂 / 177

会议室／182

门厅／183

办公室／189

过道／190

大会议室 / 193

鼓楼区综合管理中心

门厅 / 194

会客室 / 196

会议室 / 197

健身房 / 200

展厅 / 201

门厅 / 202

网球场／203

门厅／204

中国海关

门厅 / 205

展厅／207

门厅／208

网球场／209

办公室／211

健身房／215

门厅／216

办公室 / 218

娱乐室 / 219

过道 / 220

总经理办公室 / 222

瑜伽室 / 223

办公室 / 224

机房 / 225

机房 / 226

门厅 / 228

会议室 / 229

会议室 / 232

电梯间 / 233

门厅 / 234

会议室／236

接待室／235

会议室／237

门厅／238

监控室 / 240

总经理办公室 / 241

大堂 / 245

大堂 / 246

娱乐室 / 247

电梯间 / 248

咖啡区 / 252

包厢 / 253

贵宾接待室 / 256

大餐厅 / 257

会议室 / 258

卫生间/259

门厅/260

前厅 / 264

电梯厅 / 265

过道 / 266

体息室/267

厅长办公室/268

领导办公室 / 271

会议室 / 272

办公室 / 273

办公室 / 275

会议室 / 276

图书在版编目（CIP）数据

2013 公共空间模型集成 . 办公空间 / 叶斌 , 叶猛著 . —福州 : 福建科学技术出版社 , 2013. 4

ISBN 978-7-5335-4233-7

Ⅰ . ① 2⋯ Ⅱ . ①叶⋯ ②叶⋯ Ⅲ . ①办公室 – 室内装饰设计 – 图集 Ⅳ . ① TU238-64

中国版本图书馆 CIP 数据核字 (2013) 第 037701 号

书 名	2013 公共空间模型集成　办公空间
著 者	叶斌　叶猛
出版发行	海峡出版发行集团 福建科学技术出版社
社 址	福州市东水路 76 号（邮编 350001）
网 址	www.fjstp.com
经 销	福建新华发行（集团）有限责任公司
印 刷	恒美印务 (广州) 有限公司
开 本	635毫米 × 965毫米　1/8
印 张	22
图 文	176 码
版 次	2013 年 4 月第 1 版
印 次	2013 年 4 月第 1 次印刷
书 号	ISBN 978-7-5335-4233-7
定 价	228.00 元 (附赠 6DVD-ROM)

书中如有印装质量问题，可直接向本社调换